AF749887

EL GRAN LIBRO DE MATEMÁTICAS

susaeta

© QED Publishing
© SUSAETA EDICIONES, S.A.
Campezo, 13 - 28022 Madrid
Tel.: 913 009 100 - Fax: 913 009 118
www.susaeta.com

Texto Ann Montague-Smith
Ilustraciones Peter Lawson
Traducción María Francisca Llantada
Corrección Equipo Susaeta

Cualquier forma de reproducción o transformación de esta obra sólo puede ser realizada con la autorización del titular del copyright. Diríjase además a CEDRO (Centro Español de Derechos Reprográficos, www.cedro.org) si necesita fotocopiar o escanear algún fragmento de esta obra.

Índice

Conoce los números

¡Empieza a contar!

Cuenta los animalitos de cada grupo y únelos con el número correspondiente.

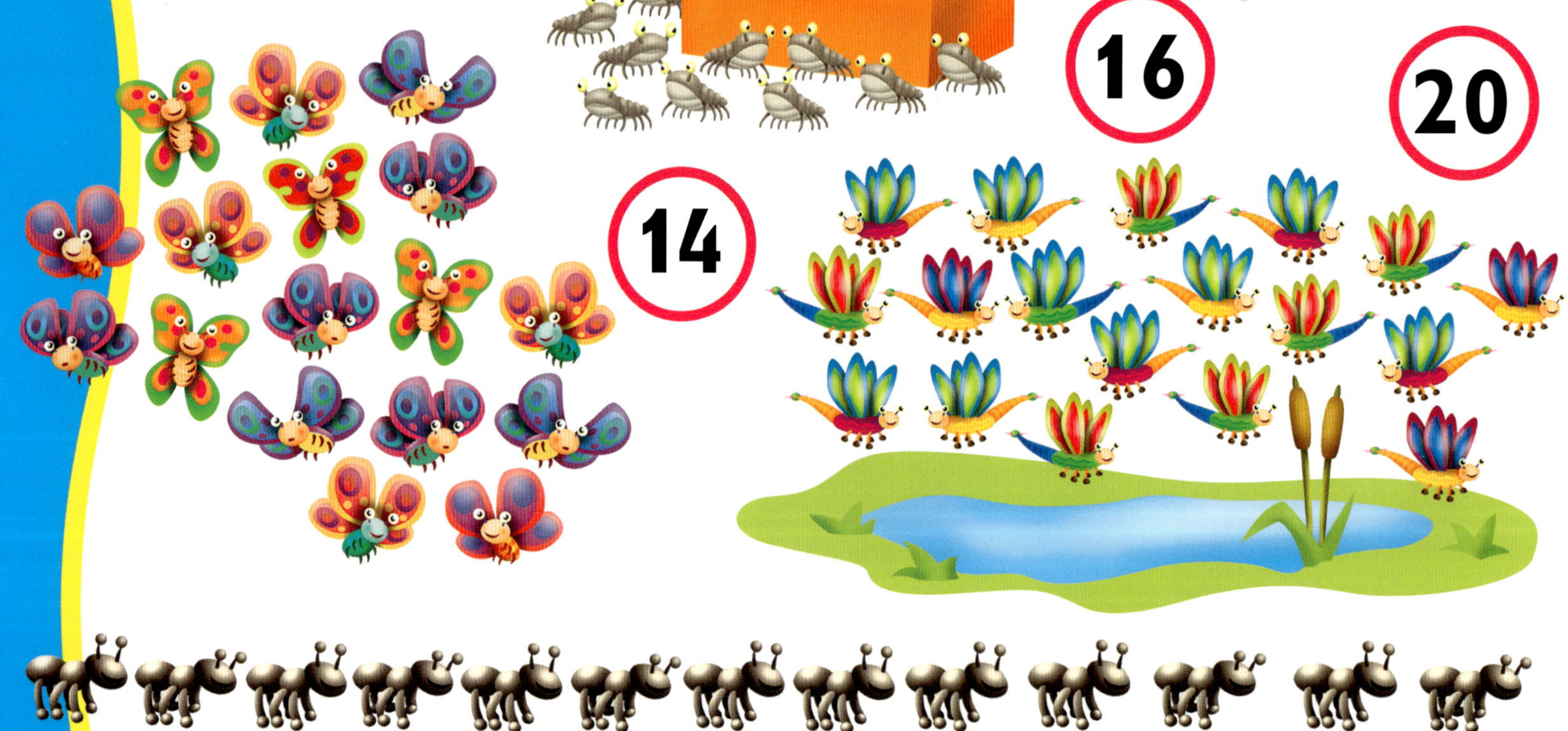

19

Si hubiese un animal más
en cada grupo, ¿cuántos habría en total?
¿Y si hubiese uno menos?

18

15

10

17

¡El gran desafío!

Hay muchas cosas a tu alrededor con las que puedes hacer conjuntos: peluches, zapatos, ropa... Prueba a hacer conjuntos y a contar cuántos objetos hay en cada uno de ellos.

12

¡Adivina!

Reúne todos los lápices que tengas y colócalos debajo de un trapo. Sin mirar, coge un puñado y adivina cuántos hay. ¡Abre los ojos y compruébalo!

Repite el ejercicio tres veces más.

¡El gran desafío!

Coge un puñado de pajitas y calcula al azar cuántas hay. Cuéntalas para comprobar si has acertado.

Hacia delante y hacia atrás

Este juego requiere la participación de dos jugadores, así que... ¡llama a un amigo! Por turnos, lanzad el dado y avanzad tantas casillas como indique, diciendo en voz alta el número de la casilla a la que os dirigís. ¡Gana el jugador que primero alcance la casilla de Llegada!

Jugad una vez más, pero, ahora, empezad desde el final y retroceded hasta la casilla de Salida.

¡El gran desafío!

Observa la paginación de este libro y escribe los números en una cartulina. ¿Sabes leer y escribir los números comprendidos entre 1 y 40?

Planetas de números

Lanza una moneda sobre el satélite numérico y fíjate en qué número cae. Coloca en el planeta de las unidades tantas fichas como indique el satélite (puedes usar trozos de papel). Cuando logres tener un grupo de dies fichas en este planeta, trasládalas al planeta de las decenas. Cada vez que tires la moneda, di cuántas decenas y unidades tienes. ¡Consigue dos decenas!

Repite la operación hasta conseguir tres decenas.

¡El gran desafío!

Coge una baraja y di al azar un número entre 1 y 40. Después, escoge las cartas necesarias para que, al sumarlas, den como resultado el número que has dicho. Haz todas las combinaciones posibles.

Unidades

De número en número

Sitúate en la casilla de Salida y avanza contando de 2 en 2. Di en voz alta los números de las casillas por las que pasas.

Repite la operación contando de 3 en 3, de 5 en 5 y de 10 en 10, y haz una lista con los números que digas en voz alta.

¡El gran desafío!

1. Cuenta en voz alta de 2 en 2 desde el número 14 hasta el 36.
2. Cuenta hacia atrás de 2 en 2 desde el número 28 hasta el 18.
3. Cuenta de 5 en 5 a partir del 10. ¿Hasta qué número puedes contar?

¿Par o impar?

El jardinero ha plantado unos tulipanes preciosos, pero los traviesos conejos se han comido unos cuantos. ¿Qué filas conservan un número par de flores?

Si plantamos un tulipán más en cada fila, ¿cuáles tendrán ahora un número par de flores?

¡El gran desafío!

1. Añade 2 flores a cada fila. ¿Qué filas son pares? ¿Cuáles son impares?
2. Añade 3 flores a cada fila. ¿Qué filas son impares?

Operaciones animales

Observa los dibujos y señala el conjunto más numeroso en cada fila. ¿Cuántos animales más hay en cada caso?

Ahora, cuenta estos dos grupos de animales y suma 1, resta 1, suma 10 y resta 10 a los resultados obtenidos.
Escribe los totales.

¡El gran desafío!

Elige una página de este libro que esté comprendida entre la 11 y la 24. Di en voz alta el número y, a partir de él, suma 1, resta 1, suma 10 y resta 10.
¡Fíjate en el ejemplo!

Completa las series

Estos revoltosos ositos han pintado encima de algunos números, ¿sabes cuáles han borrado?

Dos de estas filas se podrían unir y formar una gran serie de números ordenados, ¿cuáles?

¡El gran desafío!

Coge una baraja y elige al azar dos cartas. Obsérvalas y di los números que estén comprendidos entre los dos números que figuran en ellas. Repite esta operación al menos cinco veces.

			16	17	

	15	16			

15					20

Adivinanza

Consigue varias fichas de color rojo y otras tantas de color verde. Cada dos casillas, coloca una ficha roja y cada tres, una verde. Observa las casillas que tienen una ficha de cada color. ¿Qué tienen en común estos números?

¡El gran desafío!

Salta de 5 en 5 y coloca una ficha en las casillas por las que pasas. Piensa dónde tendrías que colocar las fichas si saltases de 2 en 2. ¿Cuáles coincidirían?

Rascacielos de números

Este juego requiere la participación de dos jugadores, así que... ¡llama a un amigo! Lanzad una moneda sobre el panel circular y avanzad tantas casillas como indique, diciendo en voz alta el número de la casilla a la que os dirigís.

Después, señalad números al azar y decidlos en voz alta.

¡El gran desafío!

Turnaos tú y tu amigo para decir un número entre 1 y 99. A partir de ese número, contad hasta 100 o hasta 0. Repetid la operación al menos dos veces cada uno.

¿Cuáles faltan?

Estos traviesos perritos han pintado encima de algunos números. ¿Sabes cuáles han borrado?

0 1 2 3 6

7 8 11 12 13

18 19 20

28 29 30 34

¿Sabes contar de 0 a 100 sin equivocarte?

¡El gran desafío!

Para terminar de repasar los números, cuenta ahora hacia atrás, de 100 a 0.

___ ___ ___ ___ ___ ___ 50

62 63 64 ___ ___ 67 ___

79 ___ ___ ___ ___ 84

___ 90 ___ ___ 93 ___

95 ___ ___ 98 ___ 100

Unidades y decenas

Une cada conjunto con el número correspondiente.

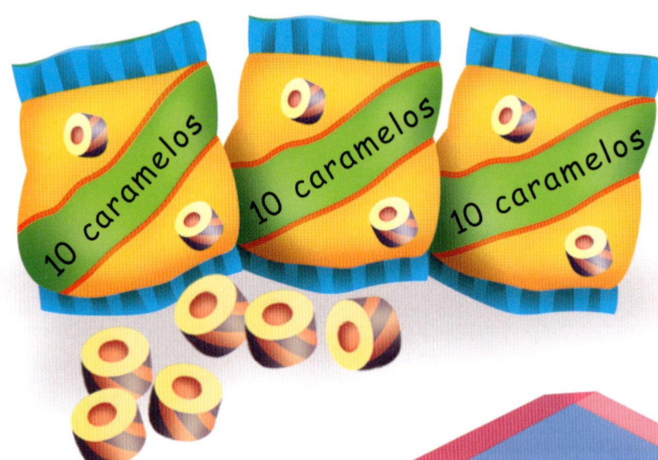

¿Qué globo contiene más decenas? ¿Cuál contiene más unidades? ¡Rodéalos!

¡El gran desafío!

Observa cómo se descomponen los números compuestos:

34 = 30 (3 decenas) + 4 (unidades)
25 = 20 (2 decenas) + 5 (unidades)

Avanza y retrocede

Escoge un número de la alfombra y, a partir de él, cuenta primero hasta 100 y luego hasta 0.

Elige tres números más y cuenta otra vez.

¡El gran desafío!

Partiendo de 100, ¿hasta qué número sabes contar?

100, 101, 102, 103, 104, 105, 106...

6	7	8	9	10
16	17	18	19	20
26	27	28	29	30
36	37	38	39	40
46	47	48	49	50
56	57	58	59	60
66	67	68	69	70
76	77	78	79	80
86	87	88	89	90
96	97	98	99	100

Números al sol

Al tender las camisetas, se han caído algunos números. Fíjate en los que hay en el suelo y colócalos de menor a mayor para completar las series. ¡Cuidado, hay un número que sobra!

¿Qué número sobra?

¡El gran desafío!

Coge dos cartas de una baraja y forma con ellas un número que tenga decenas y unidades. Repite la operación para formar otro. Por último, escribe todos los números comprendidos entre ambos. Fíjate en el ejemplo.

26, 27, 28, 29, 30, 31, 32, 33, 34, 35, 36, 37, 38, 39, 40, 41, 42, 43, 44, 45, 46, 47, 48, 49, 50, 51

Más y menos

Observa los números escritos en las etiquetas.
A cada uno de ellos, súmale 1 y réstale 1.

Repite el ejercicio, pero, esta vez,
suma 10 y resta 10.

¡El gran desafío!

1. Escribe un número entre 38 y 40.
2. Súmale 20 y escríbelo.
3. Réstale 20 y escríbelo.
4. Escribe por orden todos los números comprendidos entre 0 y el número escogido.

Completa y ordena

Estas tablas tienen números comprendidos entre 1 y 100, pero algunos de ellos se han perdido. ¡Escribe los que faltan!

Ahora observa la tabla que tiene la jirafa. ¿Puedes ordenar los números que aparecen en ella de mayor a menor?

¡El gran desafío!

Dibuja una tabla de 10 casillas de ancho y 10 de largo y rellénalas con los números comprendidos entre 1 y 100. Asegúrate de que los escribes en el orden correcto. Cuando termines, compárala con la que te mostramos abajo para comprobar que está bien. Tenla siempre a mano. ¡Te servirá para repasar!

1	2	3	4	5	6	7	8	9	10
11	12	13	14	15	16	17	18	19	20
21	22	23	24	25	26	27	28	29	30
31	32	33	34	35	36	37	38	39	40
41	42	43	44	45	46	47	48	49	50
51	52	53	54	55	56	57	58	59	60
61	62	63	64	65	66	67	68	69	70
71	72	73	74	75	76	77	78	79	80
81	82	83	84	85	86	87	88	89	90
91	92	93	94	95	96	97	98	99	100

¡Redondea!

Para redondear los números hasta la decena más cercana, se sustituye ese número por la decena más próxima con ceros en las unidades. Los números que terminan entre 1 y 4, se redondean a la decena anterior terminada en cero, y los que terminan entre 5 y 9, a la próxima decena.

Por ejemplo, 34 redondeado sería 30, y 37 redondeado sería 40. Redondea los números que aparecen en las manzanas.

¡El gran desafío!

Ana va a comprar caramelos para sus 35 compañeros de clase, los cuales se venden en paquetes de 10.

1. ¿Cuántos paquetes tiene que comprar?
2. En el caso de que fuesen 32 compañeros, ¿cuándo paquetes necesitaria?

Cálculo estratégico

Juan ha pintado los números del 1 al 100 en las losas de este sendero. Para pintar el 99, ha utilizado dos veces la losa del 9. ¿Sabrías decir cuántas veces habrá utilizado la del 1, el 2, el 3, el 4, el 5, el 6, el 7, el 8 y el 9 para pintar todos los números.

¿Se te ocurre un modo rápido de realizar este cálculo? ¿Cuál?

¡El gran desafío!

Realiza el mismo cálculo con los números comprendidos entre 51 y 150.

Consejos para padres y profesores

A continuación, ofrecemos algunos consejos y explicaciones relacionados con las distintas actividades que aparecen en el libro. Esperamos que les sirvan de ayuda.

¡Empieza a contar!, páginas 8–9

Es recomendable que el niño empiece contando objetos reales y que después practique con dibujos. Practicad este ejercicio contando hasta 30 y ve ampliando esta cifra poco a poco. Conviene utilizar contextos diferentes para que el niño no se aburra.

¡Adivina!, páginas 10–11

Un ejercicio útil es introducir pequeños objetos en un recipiente y pedirles que calculen cuántos hay. Otra opción es abrir un libro con ilustraciones o imágenes, dejarles observar durante unos segundos alguna de las páginas, cerrarlo y preguntarles cuántos animales, árboles, etc., había.

Hacia delante y hacia atrás, páginas 12–13

Busca ocasiones para que el niño lea en voz alta los números; por ejemplo, en un libro, en el supermercado, en el listín telefónico... Pídele que trace estos números en el aire con el dedo.

Planetas de números, páginas 14–15

Da un puñado de monedas de 1 céntimo al niño y pregúntale cuánto dinero tiene. Después, cámbiale 10 monedas de 1 céntimo por una de 10 y pídele que calcule cuánto dinero tiene ahora.

De número en número, páginas 16–17

Practicad contando en voz alta, de 2 en 2, hacia delante y hacia atrás, los números comprendidos entre 0 y 20. Repetid el ejercicio contando de 3 en 3, de 5 en 5 y de 10 en 10. Puede resultar divertido contar con un cierto tono melódico.

¿Par o impar?, páginas 18–19

Mientras cuenta los objetos, puede hacer parejas para comprobar si los números que dice son pares o impares. Explícale que los números pares siempre acaban en 0, 2, 4, 6 u 8, y que los impares acaban en 1, 3, 5, 7 o 9.

Operaciones animales, páginas 20–21

Se trata de que el niño observe números (por ejemplo, en un libro, un juguete o un reloj) y sepa identificar cuál es el mayor, cuál es el menor y qué números hay entre ambos. Deberían ser números menores de 30.

Completa las series, páginas 22–23

Plantéale preguntas como: «¿Qué números encajarían entre el ... y el ...?». Si el niño se muestra inseguro, escribe en unas tarjetas los números comprendidos entre 1 y 20. De esta forma, podrá encontrar fácilmente los números que necesita.

Adivinanza, páginas 24–25

Este juego está pensado para que el niño practique contando de 2 en 2 y de 3 en 3. Si se observa que le resulta difícil calcular mentalmente la casilla a la que tiene que llegar, dile que señale con el dedo las casillas mientras avanza.

Rascacielos de números, páginas 26–27

Anima al niño a escribir y leer números. Para ello, señala diferentes números y comprueba que puede leerlos correctamente. Pídele que los descomponga y que diga de cuántas decenas y unidades están formados; de este modo, el niño entenderá el proceso de los números compuestos.

¿Cuáles faltan?, páginas 28–29

Pide al niño que cuente en voz alta, hacia delante y hacia atrás, los números comprendidos entre 0 y 100. Señálale varios números de las páginas 28 y 29 para comprobar que es capaz de reconocerlos.

Unidades y decenas, páginas 30–31

Además de ser capaz de leer y escribir números compuestos, debe identificar las unidades y las decenas. Por ello, será bueno que practique descomponiendo los números.

Avanza y retrocede, páginas 32–33

Si se da el caso de que el niño no cuenta con soltura hasta 100, puede ser que cometa el error de decir cosas del tipo «veintidiez», «veintionce», etc. Practicad juntos para asegurarte de que entiende el cambio de decenas.

Números al sol, páginas 34–35

Para realizar esta actividad, es necesario que el niño sepa contar hasta 100 perfectamente. Conviene hacer un repaso para que después pueda resolver sin problemas la actividad. Para ello, puedes contar hasta 100 con él.

Más y menos, páginas 36–37

Si observas que encuentra dificultades en esta tarea, pídele que escriba en una tabla los números del 1 al 100 (como se indica en la página 39). Utilízala para que señale, a partir de un número de la tabla, el anterior y el posterior.

Completa y ordena, páginas 38–39

Si la hiciste, puedes utilizar la tabla del ejercicio anterior para realizar esta actividad. Cuando esté familiarizado con los números, probad a repetir la actividad prescindiendo de ella. En el caso de que se haya utilizado la tabla en este ejercicio o en el de la página anterior, se prescindirá de la sección «¡El gran desafío!».

¡Redondea!, páginas 40–41

Si entiende la explicación de la página 40, redondear será una tarea muy fácil. En el caso de que hubiese dificultades, prueba a escribir los números del 1 al 9 y traza una línea vertical entre 4 y 5. Así podrás ayudarle a entender qué números se redondean a la baja y cuáles a la alta.

Cálculo estratégico, páginas 42–43

Se necesitarán 19 losas de cada número. Ayúdale a que lo calcule mentalmente en vez de contar número a número: sugiérele que vaya primero del 1 al 9, luego del 11 al 20, después del 21 al 30...

Sumas y restas

Agrupa y suma

Señala cuál es el grupo más numeroso de cada fila.
Después, indica qué fila tiene más gatos.

Grupo 1

Grupo 2

Grupo 1

Grupo 2

¿Cuál de las filas suma 9?

Grupo 1

Grupo 2

¡El gran desafío!

Si coges 9 objetos y haces grupos con ellos, observarás que la suma de los elementos es siempre 9. Haz la prueba y... ¡anota todas las combinaciones posibles!

Grupo 1

Grupo 2

Grupo 1

Grupo 2

Sumas de pequeñas cifras

Suma los elementos de los siguientes conjuntos de animales y escribe al lado el total. Después, escribe combinaciones de dos números que sumen 8.

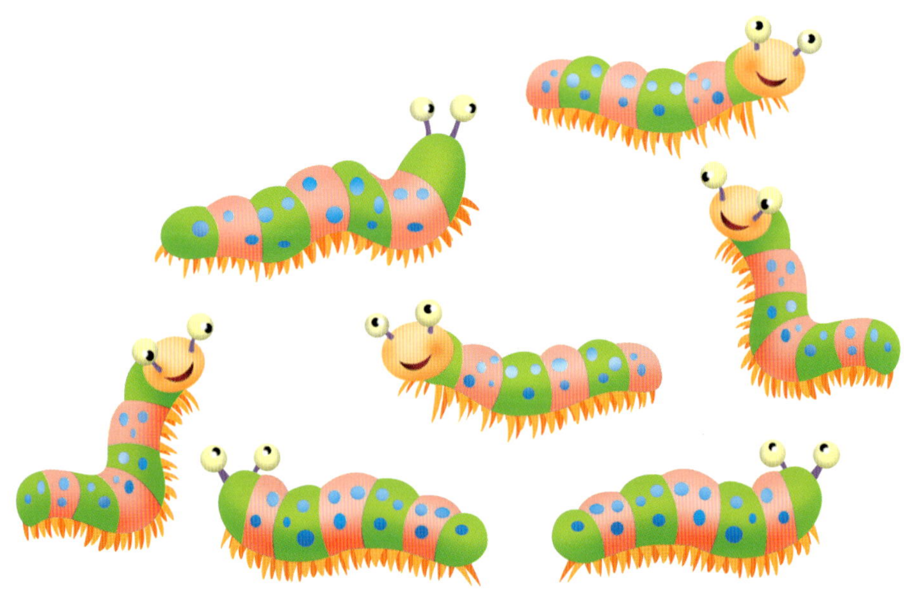

Prueba a hacer combinaciones de tres grupos que sumen 12.

¡El gran desafío!

Escribe combinaciones de cuatro números que sumen 10. Usa los signos + e =, como en el ejemplo.

Suma hasta 10

Señala dos conjuntos de animales cuyos elementos sumen 10.

¿Qué otras combinaciones de conjuntos puedes hacer para conseguir un total de 10 animales?

¡El gran desafío!

Busca un amigo y consigue 10 fichas. Sin que él mire, coge un puñado; después, pídele que compruebe cuántas fichas le quedan para que calcule cuántas tienes tú. Repetid la actividad por turnos.

Suma y juega

Para este juego necesitarás la ayuda de un amigo y fichas de dos colores. Por turnos, elegid un número del Círculo 1 y otro del Círculo 2 y sumadlos.

A continuación, tapad con la ficha el número del tablero que corresponda con el resultado. ¡Gana quien más fichas coloque sobre el mantel!

¡El gran desafío!

Lanza un dado dos veces y suma los números que obtengas en cada tirada. Repite la operación varias veces.

6+3=9

Dobles y casi dobles

Este juego requiere dos jugadores. Necesitaréis un dado y una ficha para cada uno. Por turnos, lanzad el dado y calculad el resultado de la suma de la casilla en la que caigáis. Si acertáis, permaneced en esa casilla y, si falláis… ¡volved a la casilla de Salida!

Las sumas de números dobles son aquellas en las que el número se duplica: 2+2, 6+6, 8+8. Con el apoyo de los números dobles, es fácil hallar las sumas de los «casi dobles»: 6+7, 7+8, 8+9.

¡El gran desafío!

Fíjate en la tabla de sumar. Las sumas de números dobles están en las celdas de color gris. Si la memorizas, te será muy fácil hallar las sumas de los «casi dobles». Cópiala y tenla siempre a mano.

+	1	2	3	4	5	6	7	8	9
1	2	3	4	5	6	7	8	9	10
2	3	4	5	6	7	8	9	10	11
3	4	5	6	7	8	9	10	11	12
4	5	6	7	8	9	10	11	12	13
5	6	7	8	9	10	11	12	13	14
6	7	8	9	10	11	12	13	14	15
7	8	9	10	11	12	13	14	15	16
8	9	10	11	12	13	14	15	16	17
9	10	11	12	13	14	15	16	17	18

El universo del 5

Necesitarás una moneda y varias fichas. Lanza la moneda sobre el satélite y descompón el número obtenido en dos cifras. Eso sí, una de ellas debe ser 5. Por ejemplo: 9=5+4. Después, suma 5 a 5+4 y cubre con una ficha la estrella que tenga el número equivalente al resultado.

Tira la moneda cinco veces más. ¡Cuanto más practiques, más ágilmente resolverás las sumas!

¡El gran desafío!

Tira dos veces la moneda sobre el satélite. Descompón los dos números que obtengas tal y como indica el ejemplo. Con los números obtenidos, forma nuevas sumas.

7+6=	5+2+5+1=	10+3= 13
7=5+2	5+5=10	
6=5+1	2+1=3	

El 10 te ayuda a sumar

Existe un truco muy útil para sumar 9 a un número: ¡súmale 10 y luego resta 1! Por ejemplo, si necesitas calcular 6+9, calcula 6+10 y resta 1. Estos perros han desenterrado unos cuantos huesos, pero todavía tienen 9 escondidos, ¿sabes cuántos tiene cada perro en total?

Si tienes que sumar 11, súmale primero 10 y luego 1. Para practicar, calcula cuántos huesos tendría cada perro si hubiesen enterrado 11.

¡El gran desafío!

Esta vez, cada uno de ellos ha enterrado 8 huesos. Piensa una forma rápida para calcular el total sumando primero 10.

¡A por las decenas!

Observa los números de cada par de baldosas y calcula el total. Ten en cuenta que sabiendo que 5+4=9 puedes calcular rápidamente que 15+4=9. ¡Sólo son 10 más!

Si le sumas 1 a cada par de baldosas, ¿cuál es el total?

¡El gran desafío!

Calcula el resultado de: 10+4, 11+4, 12+4. Para que te resulte más fácil, descompón las cifras más grandes. Por ejemplo: 13+4=10+3+4=10+7=17

¡Montones de juguetes!

Observa estas cajas repletas de juguetes. El número que hay en la caja indica la cantidad de elementos que contiene. Si necesitases 15 juguetes, ¿qué cajas escogerías?

¿De cuántas formas diferentes podrías conseguir los 15 juguetes? Escribe las combinaciones.

¡El gran desafío!

¿Qué cajas elegirías para conseguir 20 juguetes? ¡Escribe todas las posibilidades!

¡Es hora de restar!

El número que hay en cada caja indica la cantidad de juguetes que caben dentro. Cuenta los juguetes que hay fuera de cada una de ellas y calcula cuántos quedan dentro.

¿Cuántas cajas tienen dentro un único juguete?

¡El gran desafío!

Queda con un amigo para practicar este juego. Necesitáis 8 fichas y un vaso. Por turnos, uno de vosotros debe esconder algunas fichas bajo el vaso y, teniendo en cuenta las que quedan fuera, el otro debe calcular cuántas hay escondidas.

Cálculo pirata

El número que hay en cada bolsa indica la cantidad de monedas de oro que debería haber en ellas, pero estos piratas han cogido unas cuantas...

Fíjate en las monedas que tienen los piratas y calcula cuántas quedan en cada bolsa.

¡El gran desafío!

Con un amigo, prueba a decir un número más pequeño que el 9 para que él adivine la diferencia entre 9 y ese número. Después cambiad el turno. Podéis repetir con el número 11.

Monos y plátanos

Estos monos tienen hambre, así que cada uno de ellos se va a comer tres plátanos. ¿Cuántos les quedarán?

¿Y si en vez de 3 se comiesen 4?

¡El gran desafío!

Réstale 5 a 6, a 7, a 8, a 9, a 10, a 11 y a 12. Escribe las restas y calcula el resultado. ¡No puedes fallar!

Camino de restas

Este juego requiere la participación de dos jugadores. Necesitaréis un dado y dos fichas de colores. Por turnos, lanzad el dado y avanzad por el sendero, resolviendo correctamente la operación de cada casilla. Si la respuesta es incorrecta, retroceded a la casilla en la que estabais.

¡El gran desafío!

Di un número comprendido entre 0 y 10, y que tu amigo calcule cuál es el resultado si a 10 le restas dicho número. Turnaos y repetidlo varias veces. ¡A ver quién calcula más rápido!

¡Cuántos juguetes!

Cuenta los juguetes que tiene cada niño y calcula cuántos más necesita para alcanzar el número que aparece en las camisetas.

Escribe las operaciones que has hecho para calcularlo y traza un círculo alrededor del niño que más juguetes necesite.

¡El gran desafío!

Te proponemos un juego para que juegues con un amigo. Haced un dibujo cada uno en el que aparezcan varios juguetes (entre 0 y 7). Después, intercambiad los dibujos y calculad cuántos harían falta para sumar 25.

¡A la pizarra!

Observa las operaciones que han escrito estos animales en la pizarra.

Resta un número cada vez más alto en cada pizarra, hasta que el resultado sea 0.

¡El gran desafío!

Observa ahora las restas de esta pizarra. Continúa la serie de restas hasta que obtengas 0 como resultado.

El 10 te ayuda a restar

Hay un truco muy útil para restar 9 a un número: ¡réstale 10 y luego suma 1! Por ejemplo, si necesitas calcular 16−9, resta 16−10 y suma 1. En este caso, si se escapan 9 animales de cada parcela, ¿cuántos quedarán?

Si tiene que restar 11, resta primero 10 y luego 1. ¡Calcula ahora cuántos animales quedarán si se escapan 11!

¡El gran desafío!

Esta vez, imagínate que se escapan 8 animales de cada parcela. ¿Se te ocurre alguna forma de calcular el total restando primero 10?

Maratón de restas

Fíjate en los números de las camisetas de estos corredores y haz parejas con ellos, de manera que la diferencia entre ambos números sea 3.

Escribe en un papel todas las operaciones que hayas ido probando hasta conseguir 2.

¡El gran desafío!

Busca números que restados entre sí den 4. Observa el ejemplo y continúa.

Números en el aire

Fíjate en los números que aparecen en la cometa roja y observa: 5+2=7 y 2+5=7. ¡Da igual el orden! ¿Te atreves a escribir tú solo dos sumas distintas para cada cometa?

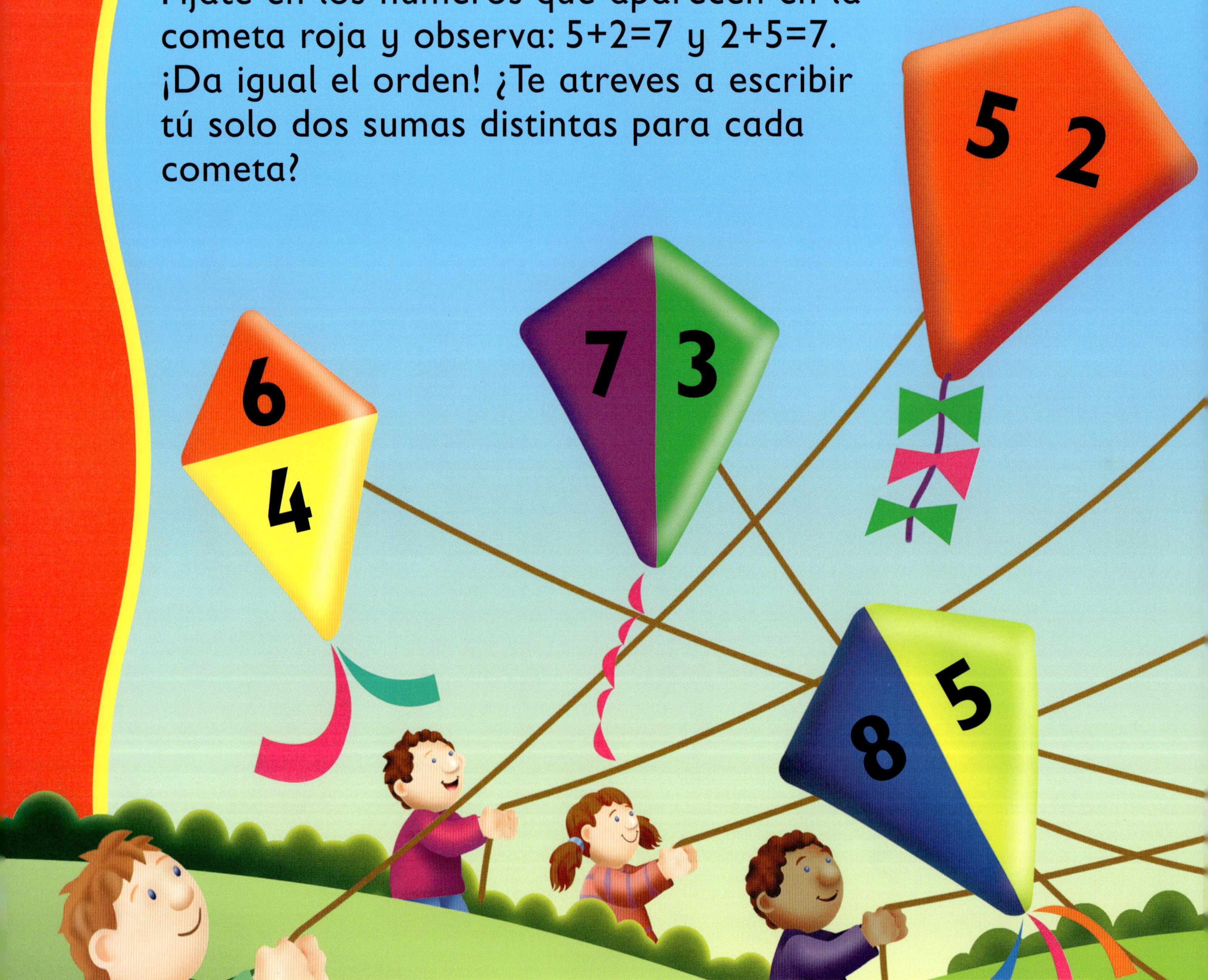

¿Qué pasa con las restas: 7−5=2 y 7−2=5?
¡Practica con los números de las cometas!

¡El gran desafío!

Juega con un amigo. Uno de vosotros escribirá una suma, y el otro deberá escribir, lo más rápido posible, dos restas utilizando los mismos números. ¡Fíjate en el ejemplo!

El número escondido

Este juego requiere dos jugadores. Necesitáis un dado y dos fichas. Por turnos, tirad el dado y avanzad por el camino. Tenéis que decir el número que falta en la operación de cada casilla en la que caigáis. ¡Cuidado! Si os equivocáis, retrocedéis donde estabais.

¡El gran desafío!

¿Qué números faltan en estas casillas? Escribe todas las opciones posibles.

□ + □ =8.

¡Sigue practicando!

12– □ = □

6–□=2

8–□=6

6–□=0

□–3=4

□–4=5

□+5=10

9–□=2

6–□=3

Meta

Hablemos de dinero

En los países de la Unión Europea se usa el euro. Existen monedas de 1, 2, 5, 10, 20 y 50 céntimos, así como de 1 y 2 euros. Los billetes son de 5, 10, 20, 50, 100, 200 y 500.

Coge 10 monedas o billetes y coloca uno sobre cada monedero. ¿Cuánto dinero hay?

¡El gran desafío!

En España utilizamos el euro, pero no todos los países usan esta moneda. Existen libras, dólares, marcos suizos, etc. ¿Qué otras monedas conoces?

¡Quieres zapatos nuevos!

Coloca 10 monedas de 1 o 2 euros encima de los círculos plateados (página 89, abajo). ¡Compra los zapatos que más te gusten! ¿Cuánto dinero te queda después de comprar?

¿Puedes comprar dos pares de zapatos con tus 10 monedas? ¿Cuánto dinero te queda entonces?

¡El gran desafío!

¿Puedes comprar 3 pares de zapatos con las 10 monedas? ¡Señala todas las opciones!

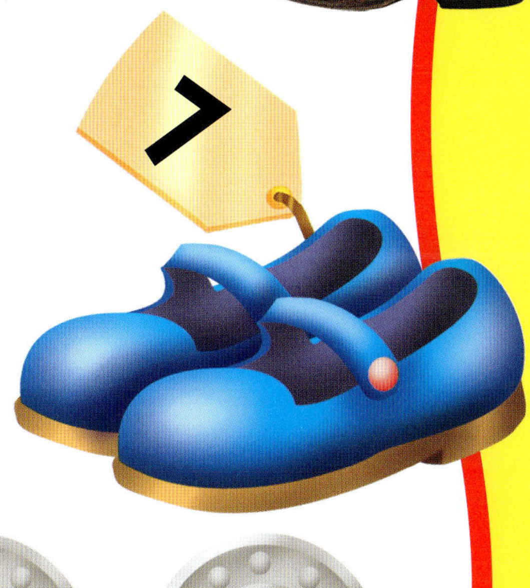

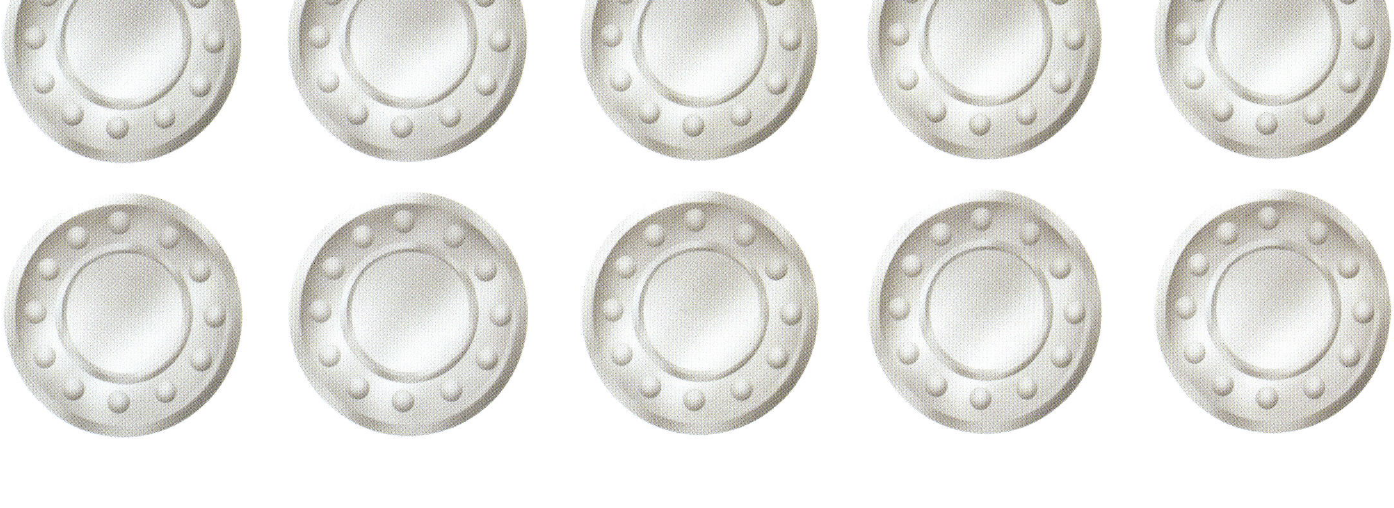

¡Devuélvame mi cambio!

Bienvenido a la frutería. ¿Qué vas a comprar? Tienes una moneda de 10 y otra de 20. Escoge distintos alimentos, paga y calcula el cambio.

Compra dos cosas, calcula el total y paga. ¿Cuánto te devolverán ahora?

¡El gran desafío!

Pide a tus padres doce monedas. ¿De cuántas formas diferentes puedes agruparlas?

Suma y coloca

Este juego requiere dos jugadores. Necesitaréis fichas de dos colores. Escoge dos números entre 1 y 10 y súmalos. Coloca una ficha sobre el niño que tenga el número con ese resultado. Si el niño ya tiene ficha, ¡pierdes el turno! Gana quien más fichas coloque.

¿Se te ocurre algún truco para que todos los niños tengan ficha?

¡El gran desafío!

Escoge tres números entre 1 y 10. Suma los dos números más altos y, al resultado, réstale el tercer número que hayas elegido.

Mide los gusanos

Hemos medido estos dos gusanos colocando botones a lo largo de su cuerpo. Uno es 4 botones más largo que el otro. ¿Cuántos botones crees que mide cada gusano?

¿Puedes escribir cinco longitudes diferentes para cada uno?

¡El gran desafío!

Supón que la diferencia de longitud entre ambos es de 6 botones. ¡Encuentra cinco longitudes para cada uno!

¿De quién es el trofeo?

Tiene un número par mayor que 10 y menor que 18, y no es el 14. ¿Cuál es mi trofeo?

Tiene un número impar menor que 20 y mayor que 15. Equivale a 8+9. ¿Cuál es mi trofeo?

Sigue las pistas que te da cada jinete para averiguar cuál es su trofeo.

Tiene un número par comprendido entre 13 y 15. ¿Cuál es mi trofeo?

¡El gran desafío!

Piensa un número y da pistas a tu amigo para que acierte de cuál se trata. Después, intercambiad los papeles. ¡Cuánto más rápido lo acertéis, mejor!

Tiene un número comprendido entre 15 y 20, pero no es el 17 ni es un número doble. ¿Cuál es mi trofeo?

Tiene un número doble mayor que 16 y menor que 20. ¿Cuál es mi trofeo?

Gatitos traviesos

Consigue 20 fichas e imagina que cada una de ellas es un travieso gatito que se ha escapado de su cesta. Coloca las fichas en las cestitas de manera que en cada una de ellas haya un número par.

¡Haz todas las combinaciones posibles!

¡El gran desafío!

¿Eres capaz de distribuir las fichas de manera que en cada cesta haya un número impar?

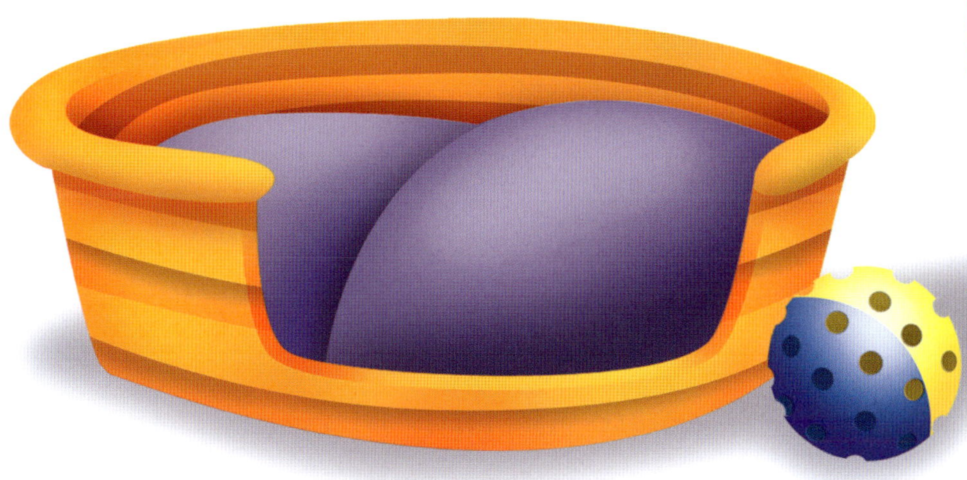

Carreras de números

Suma los números que aparecen en los alerones de los coches y únelos con el piloto correspondiente según el resultado.

Suma los números en un orden diferente. ¿Cuál es el resultado? Eso es porque el orden de los sumandos no altera el resultado de la suma.

¡El gran desafío!

Escoge tres números comprendidos entre 1 y 10 y súmalos, pero... ¡el resultado tiene que ser 20! ¿Se te ocurren cinco operaciones diferentes para conseguir este resultado?

El salto de la rana

Este juego requiere dos jugadores. Por turnos, tirad una moneda sobre el nenúfar y avanzad hasta la casilla correspondiente. Resolved la operación que aparece en ella y tened en cuenta que, si falláis, ¡tendréis que retroceder hasta donde estabais!

¡El gran desafío!

Elige tres números comprendidos entre 1 y 7. Sólo puedes usar una vez cada número. Escribe una suma de tres sumandos cuyo resultado sea 10. Después, inténtalo otras tres veces más. ¡Buena suerte!

¡Consigue 20!

Agiliza tu cálculo mental con este divertido juego. Necesitas 20 fichas. Observa los números que tienen estos animalitos y haz parejas de forma que sumen 20.

Tapa con una ficha los números que emplees. ¿Eres capaz de taparlos todos?

¡El gran desafío!

Ahora, haz parejas de números que sumen 30. ¿Puedes hacer cinco parejas distintas?

Correo de números

Estos carteros son tan despistados que no saben cuántas cartas les quedan por repartir. Ayúdales resolviendo la operación que aparece en los sacos. Una forma de calcularlo fácilmente es sumar o restar primero las decenas y, después, las unidades.

¿Qué saco contiene más cartas? ¿Cuál de todos ellos contiene menos? ¡Rodéalos con un círculo!

¡El gran desafío!

Escoge un número de la primera fila y otro de la segunda. Suma las dos cifras y observa qué ocurre con las cifras de las decenas y de las unidades.

20, 30, 40, 50, 60

15, 17, 23, 26, 38

Resta y empareja

Resuelve la operación que muestra la mariposa naranja. Después, haz las demás operaciones y señala cuál de ellas tiene el mismo resultado que la naranja.

Une con una línea las mariposas que tengan el mismo resultado.

¡El gran desafío!

Escribe cinco pares de números de dos cifras que restados entre sí den como resultado 6. ¡Ánimo! ¡Es muy fácil!

Cuatro en raya

Elige dos estatuas y fíjate en los números que aparecen en ellas. Suma o resta las dos cifras, y si el resultado está en el panel, pon una ficha encima. ¡Intenta hacer una línea de cuatro fichas!

¡Si juegas con un amigo, aprender mates será aún más divertido!

¡El gran desafío!

Confecciona tu propio tablero para jugar a las cuatro en raya. Piensa en algunos números que puedas sumar o restar y escribe los resultados en las casillas del tablero. ¡Ya puedes empezar a jugar!

¡Nos vamos a la playa!

Se acerca el verano y el momento de ir a la playa. ¿Tienes todo lo que necesitas? Mejor, ¡vayamos de compras! Pide dinero a tus papás y... ¡al ataque!

Elige dos objetos, suma los precios y entrega el importe exacto. Después, prueba a pagar con un billete otros dos objetos y calcula el cambio.

¡El gran desafío!

Consigue el catálogo de publicidad de un supermercado. ¿Qué te gustaría comprar? Haz una lista con los objetos y sus precios. ¿Cuánto te costaría todo en total? ¡Echa cuentas!

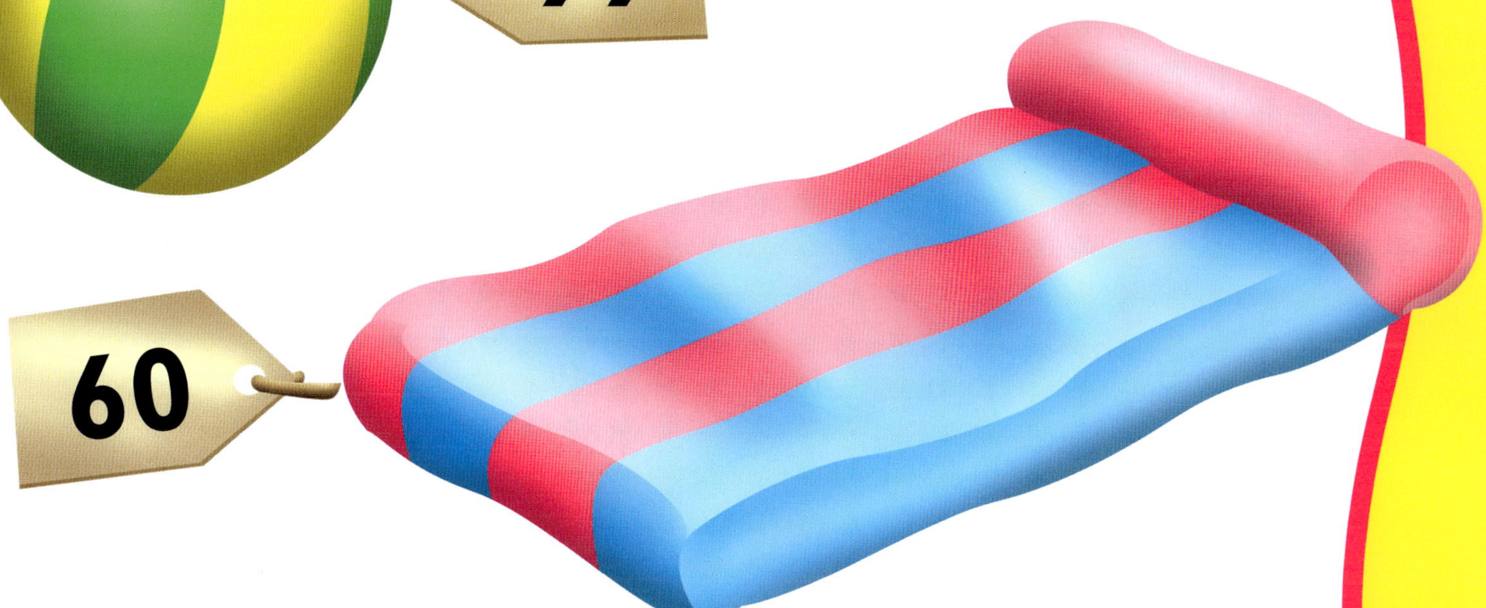

Consejos para padres y profesores

A continuación, ofrecemos algunos consejos y explicaciones relacionados con las distintas actividades que aparecen en el libro. Esperamos que les sirvan de ayuda.

Agrupa y suma, páginas 48–49

Pide al niño que cuente de uno en uno; esto le resultará más fácil, porque podrá ayudarse con los dedos. Otra opción es contar en voz alta.

Sumas de pequeñas cifras, páginas 50–51

Si observas que pierde la cuenta mientras suma, puede resultarle muy útil contar objetos como lápices o palillos.

Suma hasta 10, páginas 52–53

Al principio, le resultará muy útil usar los dedos. Ayúdale diciendo un número y pidiéndole que te muestre con los dedos cuánto falta para llegar a 10.

Suma y juega, páginas 54–55

Para seguir avanzando, es necesario que sepa resolver con rapidez sumas de al menos 5+5. El paso siguiente será resolver sumas de hasta 10+10. Si le resulta difícil, sugiérele que cuente con los dedos.

Dobles y casi dobles, páginas 56–57

Para que vaya adquiriendo soltura con las sumas, algunos trucos pueden resultar muy útiles. Por ejemplo, para calcular una suma que es casi un doble, puede sumar 1 a la cifra más baja para redondearla, y sumar este resultado a la otra cifra. Al total, le restará el 1 sumado anteriormente. Por ejemplo, para sumar 6+5, es más fácil sumar 5+1, sumar 6 a este resultado y, finalmente, volver a restarle 1.

El universo del 5, páginas 58–59

Si le resulta difícil operar con números altos, puede partitlos en otros más pequeños. Por ejemplo, si tiene que sumar 5+8, puede descomponerlo en 5+5+3 o, lo que es lo mismo, 10+3. Además, si maneja la suma de unidades y decenas no necesitará sumar el 3 al 10, sino que rápidamente verá que 10+3=13, porque el 3 ocupará directamente el lugar de las unidades.

El 10 te ayuda a sumar, páginas 60–61

Si conocen el lugar que ocupan las decenas y las unidades en un número, verán que, si se suma 10 a cualquier número, las unidades siguen siendo las mismas. Por ejemplo, en la operación 6+10=16, el 6 sustituye al 0.

¡A por las decenas!, páginas 62–63

Si ves que el niño puede calcular fácilmente operaciones del tipo 5+3=8, pero no 15+3=18, haz una recta y coloca en ella los números del 1 al 20. Enséñale que es lo mismo que 10+5+3; seguro que le resulta más fácil.

¡Montones de juguetes!, páginas 64–65

Para realizar esta actividad, puede resultar útil que escriba en diferentes trozos de papel los mismos números que aparecen en las cajas de juguetes. Se trata de que combine las cajas de manera que consiga un total de 15 juguetes.

¡Es hora de restar!, páginas 66–67

Si el niño todavía no consigue realizar restas de este tipo, le resultará muy útil contar con los dedos. Otra opción es hacer una línea y dibujar los números para que visualice las dos cifras que debe restar, y observar el intervalo que hay entre ambas.

Cálculo pirata, páginas 68–69

Si el niño no muestra suficiente agilidad a la hora de realizar restas de este tipo, le resultará útil contar con los dedos. Por ejemplo, para restar 7–4, el niño contará con los dedos a partir del número más bajo (n este caso: 5, 6, 7). Esto son 3 dígitos que es la diferencia. Con la práctica, aprenderá a calcular mentalmente.

Monos y plátanos, páginas 70–71

E Pídele que te explique qué técnica utiliza para restar. Puede que siga contando con los dedos; si fuese el caso, dibuja en un papel una línea con los números del 0 al 10 y enséñale que tiene que contar desde el número más bajo al más alto. Una vez que sepa usarla, intenta que memorice esta línea y que cuente mentalmente, sin necesidad de recurrir a ella.

Camino de restas, páginas 72–73

Con este ejercicio se pretende que el niño se familiarice con las restas y aprenda nuevos términos. Lee las preguntas y observa las respuestas que da. Si no contesta rápidamente, ayúdale contando desde el número más bajo hasta el más alto, primero con los dedos y, después, recordando mentalmente la línea de números.

¡Cuántos juguetes!, páginas 74–75

Anímale a contar de uno en uno desde el número más bajo hasta el más alto. Lo ideal es que aprenda a hacer esta cuenta mentalmente, sin necesidad de contar con los dedos ni de mirar la línea de números. Por ejemplo, explícale que para hallar la diferencia entre 8 y 3 se cuenta a partir del número más bajo: «4, 5, 6, 7, 8». Se pasa por 5 dígitos, así que la diferencia entre 8 y 3 es 5.

¡A la pizarra!, páginas 76–77

Si el niño resuelve con soltura restas del tipo 8-1=7, podrá calcular fácilmente que 8-2=6, o 1 menos que 8-1=7 porque 2 es 1+1. Intenta que adquiera estrategias mentales de este tipo, aunque al principio le resulte más útil escribir toda la secuencia de operaciones.

El 10 te ayuda a restas, páginas 78–79

Es necesario que entienda que, si se resta 10 a cualquier número de dos cifras, las unidades se mantienen y sólo cambia la cifra de las decenas. Por ejemplo, 16−10=6 o 27−10=17.

Maratón de restas, páginas 80–81

Pregúntale qué técnica ha utilizado para encontrar pares de números que, restados entre sí, den 3. Para comprobar si ha hecho bien el ejercicio, pídele que haga una autoevaluación sumando 3 al número más bajo de cada par: si el resultado coincide, ha acertado.

Números en el aire, páginas 82–83

Es el momento de comprobar el grado de agilidad que presenta el niño a la hora de resolver operaciones de sumas y restas. Para ello, puedes preguntarle: «Si 6+3=9, ¿cuánto es 3+6? ¿Qué observas? ¿Y cuánto es 9−3? ¿Y 9−6? ¿Qué observas ahora?». Si le resulta complicado, dile que se apoye en la línea de números.

El número escondido, páginas 84–85

Si observas que se muestra inseguro a la hora de rellenar lo que falta para 2+☐=6, cuenta con él del 2 al 6. Luego, pregúntale: «¿Es cierto que 2+4=6?». Para resolver la resta 9–☐=2, cuenta desde el 2 hasta el 9 y pregúntale: «¿Es cierto que 9−7=2?».

Hablemos de dinero, páginas 86–87

Coge unas monedas y explícale al niño su nombre y su valor. Clasifícalas según el color, el tamaño, etc., para que pueda reconocerlas.

¡Quiero zapatos nuevos!, páginas 88–89

Haz que el niño cuente las monedas una por una, hasta que crea que tiene suficiente dinero para hacer su compra. Cuando compre los dos artículos, pídele que sume mentalmente las dos cantidades y que compruebe el dinero con el que va a pagar.

¡Devuélvame mi cambio!, páginas 90–91

Explícale que el cambio consiste en restar el total de la compra al dinero entregado.'

Suma y coloca, páginas 92–93

Con este juego se pretende que el niño sume mentalmente pares de números. Si le parece complicado, cuéntale los trucos que puede utilizar, como duplicar, duplicar y sumar uno (si son casi dobles) o contra de uno en uno a partir del número más grande.

Mide los gusanos, páginas 94–95

En este caso, se trata de practicar la resta de pares numéricos. Si le resulta difícil, comienza con el número 1 y dile: «4 más 1 es igual a 5. Por eso, la diferencia entre 5 y 1 es 4». Prueba otros ejemplos para que vea los casos de 1 y 5, 2 y 6, 3 y 7, y así sucesivamente.

¿De quién es el trofeo?, páginas 96–97

Leed juntos las pistas que se dan y asegúrate de que el niño comprende la información. Si tiene dificultad para identificar los número pares e impares, cuenta de 2 en 2 de 1 a 21 y aclárale que éstos son los impares.

Gatitos traviesos, páginas 98–99

Cuenta de 2 en 2 desde 0 a 20 para recordarle cuáles son los números pares. Hay muchas formas distintas de colocar a los gatitos en las cestas. Por ejemplo, 4, 6, 4, 6; 8, 2, 8, 2; 2, 4, 6, 8; y así sucesivamente. Si resulta complicado, coge 10 fichas y haz que las distribuya en grupos pares. Una vez que lo haya conseguido, probad a hacerlo con 20 gatitos.

Carreras de números, páginas 100–101

Si muestra dificultad a la hora de resolver las sumas, quizá le resulte más fácil colocar primero la cifra más alta. Por ejemplo, 3 + 5 + 4 = 5 + 4 + 3 = 9+ 3 = 12.

El salto de la rana, páginas 102–103

Se trata de que el niño responda a estas preguntas tan rápido como pueda. Si le resulta difícil, recuérdale estrategias como, por ejemplo, saber que al sumar 10 + 5 las unidades no cambian, o que resulta más fácil empezar a contar a partir del número más alto de todos los que conforman la operación.

¡Consigue 20!, páginas 104–105

Una vez que logre contar hasta 10 con soltura, podrá intentar contar hasta 20. Por ejemplo, 2 + 8 = 10 y 12 + 8 = 20. Ayúdale a usar estrategias del tipo: 0 + 20 = 20; 1 + 19 = 20; 2 + 18 = 20; etc. De esta forma, resolverá las operaciones empleando menos tiempo.

Correo de números, páginas 106–107

Es necesario que el niño sepa diferenciar las decenas y las unidades que componen un número. Practicad y haz que descomponga algunos números.

Resta y empareja, páginas 108–109

Para resolver restas sencillas, el niño puede utilizar la línea de números que él mismo puede dibujar. Otra opción es que cuente con los dedos. Lo ideal es que, con el tiempo, consiga resolver las operaciones mentalmente..

Cuatro en raya, páginas 110–111

Con este juego, el niño podrá en práctica los conocimientos aprendidos para resolver sumas y restas. Tener lápiz y papel mientras juega le será muy práctico para apuntar los números que va probando y los resultados que obtiene. .

¡Nos vamos a la playa!, páginas 112–113

Si le resulta complicado contar el dinero para pagar el total de la compra, puede que sea más fácil contar el dinero que cuesta cada objeto por separado y, después, juntarlo a la hora de pagar. Dile que observe qué monedas va a utilizar y pídele que entregue el menor número de monedas posible. De esta forma, le obligarás a calcular de nuevo. Por ejemplo, en vez de pagar con 4 monedas de 5 céntimos, que entregue una de 20.

Multiplicaciones y divisiones

Pares e impares

Este juego requiere dos jugadores. Necesitaréis una moneda y dos fichas. Por turnos, tirad la moneda sobre el panel circular y moved la ficha al siguiente número del camino par o impar, según corresponda.

¡Ganará el jugador que llegue primero a la casilla de meta!

¡El gran desafío!

Jugad de nuevo, pero, esta vez, lanzad un dado y avanzad tantas casillas como éste indique. Al llegar a la casilla, debéis decir si estáis sobre un número par o impar.

Investiga los números

Necesitas fichas rojas y azules. Sitúate en la casilla de salida y ve contando de 2 en 2. Coloca una ficha roja sobre cada una de las casillas por las que pases. Haz lo mismo contando de 4 en 4, pero esta vez usa las fichas azules.

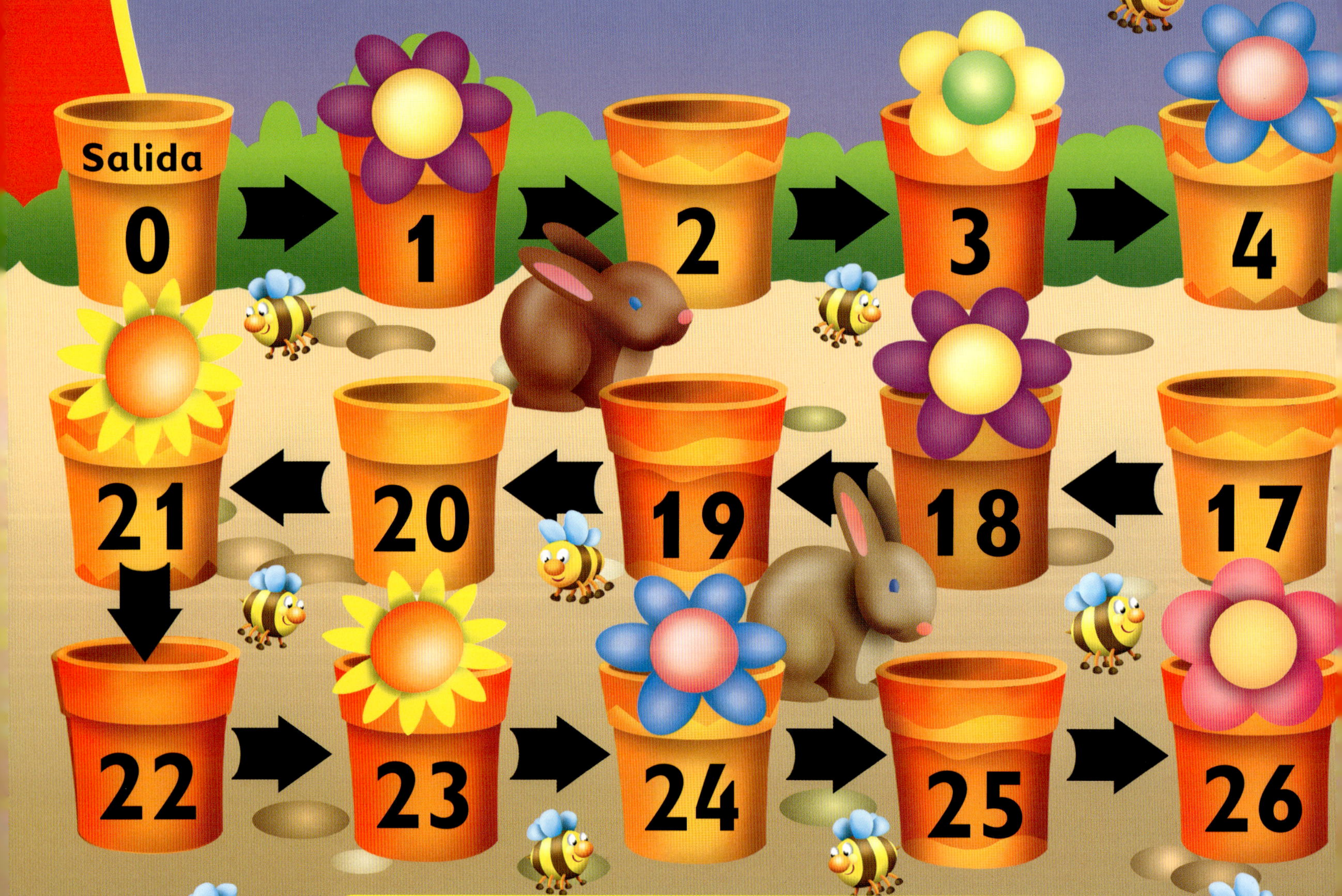

¿En qué números coinciden ambas fichas?
¿Sabes explicar por qué?

¡El gran desafío!

Utiliza fichas de otros colores y repite el ejercicio contando de 3 en 3 y de 5 en 5. Escribe los números que tapas en cada caso y fíjate en los que coinciden.

¡Hagamos colmenas!

Estas abejas están construyendo una colmena, y para ello han multiplicado los panales. Por ejemplo, para construir el que tiene 8 celdas, han multiplicado el de 4; es decir, **8 = 4 × 2 = 2 × 4.**

Observa todos los panales y escribe las dos multiplicaciones posibles para cada uno de ellos.

¡El gran desafío!

Dibuja tres panales y escribe las dos multiplicaciones posibles para cada uno de ellos.

¡Duplica!

Consigue varias fichas y ¡empieza a practicar! Escoge un número de los que aparecen en el submarino y duplícalo. ¿Aparece un resultado en el sumergible? Si es así, tápalo con una ficha.

1	26	24	8
12	10	11	30
3	7	28	5

¿Es posible tapar todos los números del submarino?

¡El gran desafío!

En parejas, turnaos para calcular los dobles de los números comprendidos entre 16 y 30. ¡Fíjate en el ejemplo!

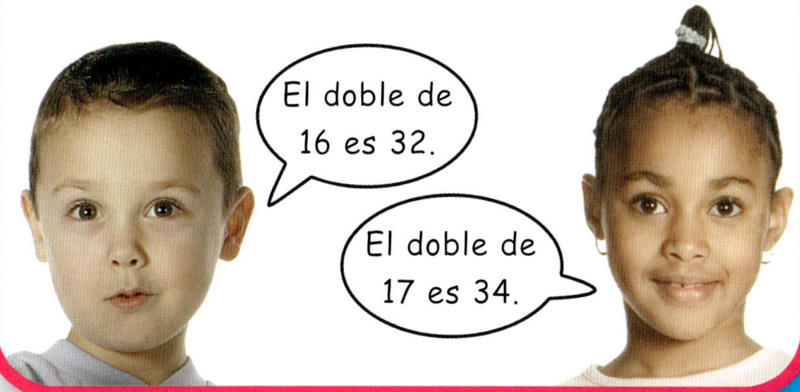

4	13	22	2
15	16	6	14
18	20	9	

Multiplica por 2 y por 10

Observa la tarjeta que sostiene el niño rubio y busca el resultado de la multiplicación. Únelos con una línea.

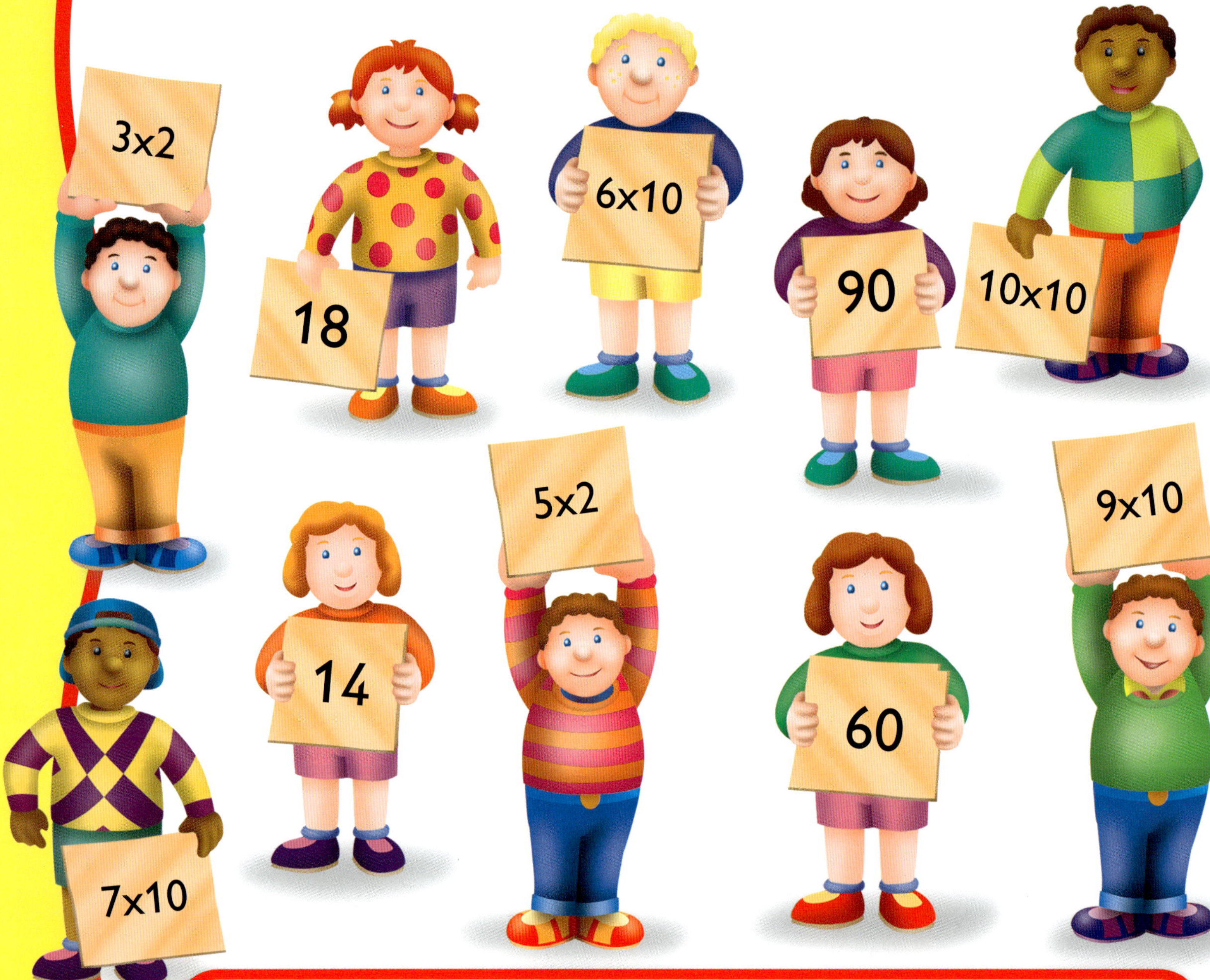

Ahora, une cada multiplicación con el resultado correspondiente.

¡El gran desafío!

Escribe la tabla del 2.
Los resultados de las multiplicaciones, ¿son pares o impares? ¿Y los resultados de la tabla del 10? ¿Sabes por qué?

Multiplica por 5

Observa estos grupos de insectos. Las abejas están agrupadas de 5 en 5. ¿Cuántos grupos hay? **2.** ¿Cuántas abejas hay en total? **5 × 2 = 2 × 5 = 10.**

Haz lo mismo con el resto de los insectos y escribe las multiplicaciones correspondientes.

¡El gran desafío!

Dibuja grupos de animalitos que se correspondan con las multiplicaciones 9 × 5 y 10 × 5.

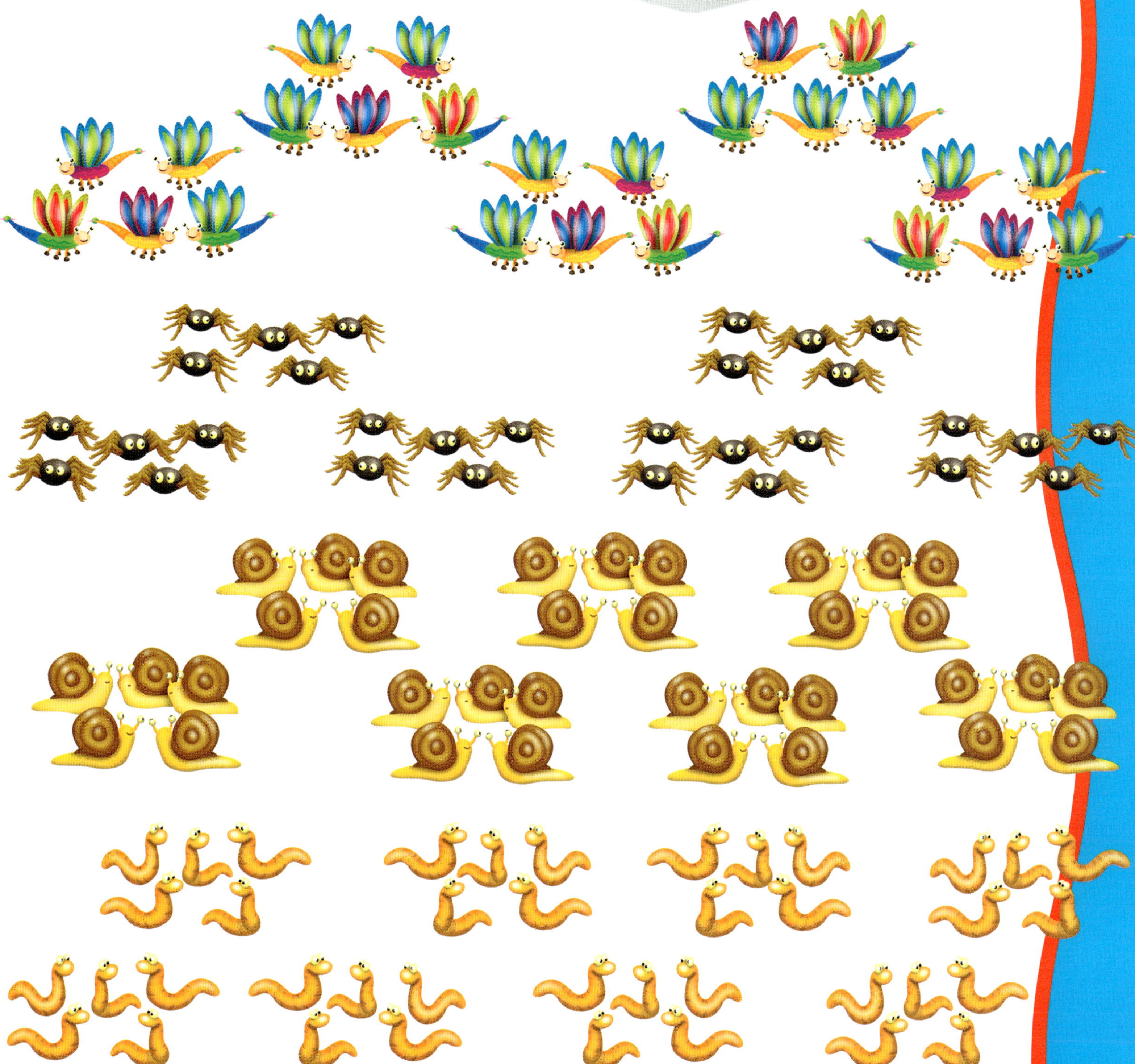

Más dobles

El viento ha partido las tablas y ahora los animales no saben qué trozo les falta para completar las operaciones. ¿Los ayudas?

¿Sabrías decir si entre las soluciones hay algún múltiplo de 10? ¿Cómo lo sabes?

80

30

25x2=

¡El gran desafío!

Escribe números que sean múltiplos de 5, como 10 o 15. Después, calcula su doble. ¿Cuántos puedes escribir?

50

100

20x2=

35x2=

45x2=

¡Qué lío de múltiplos!

Fíjate en los carteles de las mochilas. ¿Podrías encontrar los números que corresponden a cada una de ellas? ¡Ten en cuenta que algunos números pueden ir en más de una!

Uno de los números no encaja en ninguna mochila. ¿Sabes cuál es?

6

32

27

12

40

2

30

16

60

45

7

25

9

15

¡El gran desafío!

¿Eres capaz de escribir otros 10 números más que no encajen en ninguna de las mochilas?

¡A montar ruedas!

Soraya, Pablo y Rocco están ayudando a su padre en el taller. Tienen que agrupar las ruedas de coche y la bicicleta. ¿Para cuántos coches hay ruedas? ¿Y para cuántas bicis?

¡Recuerda! Los coches tienen 4 y las bicis 2.

¡El gran desafío!

Algunos coches sólo tienen 3 ruedas. ¿Para cuántos de éstos habría ruedas?

¡Coloca las flores!

Cuenta las flores naranjas y, después, los jarrones azules. ¿Cuántas hay que colocar en cada jarrón para que en los dos haya el mismo número de flores?

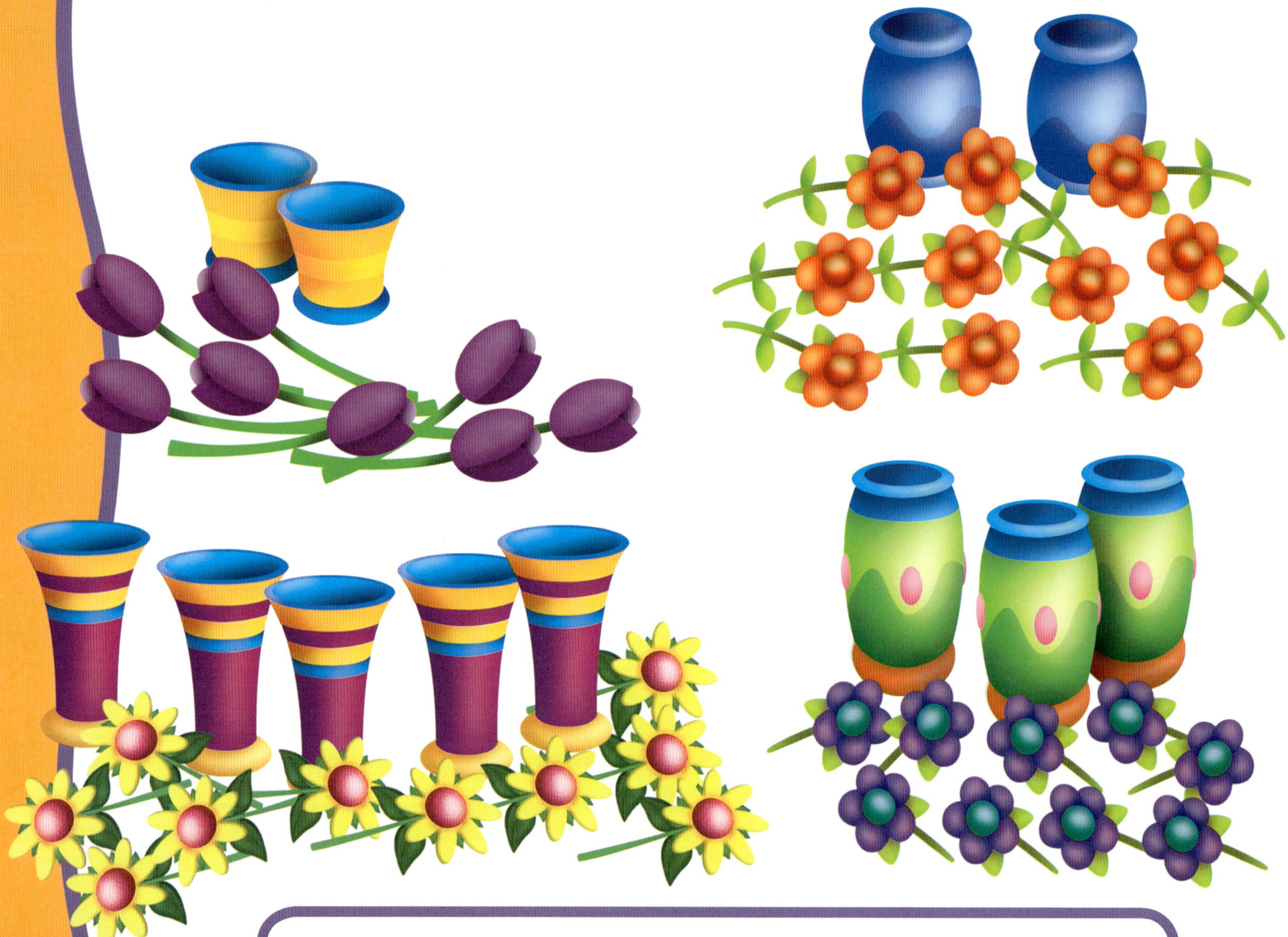

Ahora, fíjate en los demás grupos de flores y jarrones que hay en estas dos páginas y haz la misma operación con ellos.

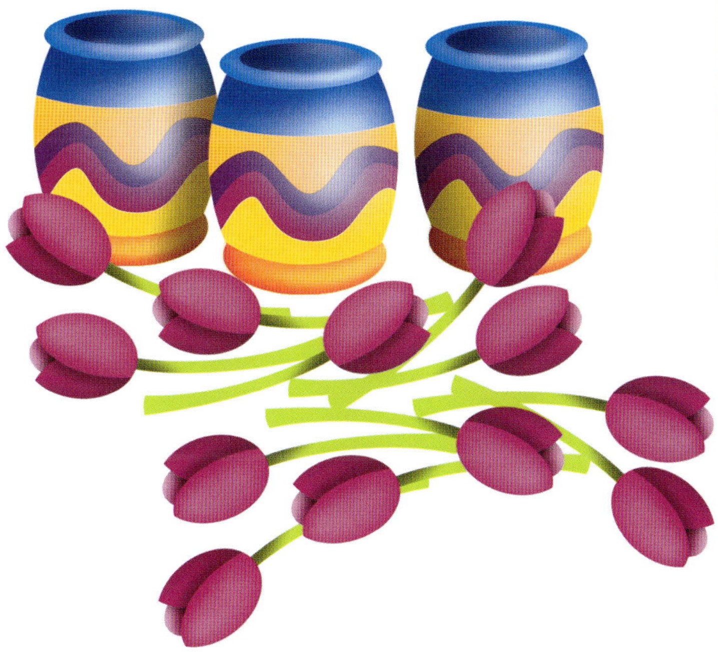

¡El gran desafío!

Coge un puñado de fichas y divídelo en dos montones con la misma cantidad. ¿Puedes escribir la división correspondiente?

¡Es hora de comer!

Fíjate en el primer dibujo. Cuenta los huesos y repártelos entre los perros de forma que todos reciban la misma cantidad.

Realiza la misma operación con el resto de los grupos.

¡El gran desafío!

Necesitas 20 fichas, papel y lápiz. Dibuja dos círculos grandes y reparte las fichas de manera equivalente. Prueba a hacer lo mismo dibujando 3, 4, 5 y 10 círculos. ¿Con cuántos círculos se quedan fichas fuera?

Divide entre 2

Dividir es muy fácil; sólo hace falta saber duplicar.

Si 5 × 2 = 10, entonces 10 ÷ 2 = 5.

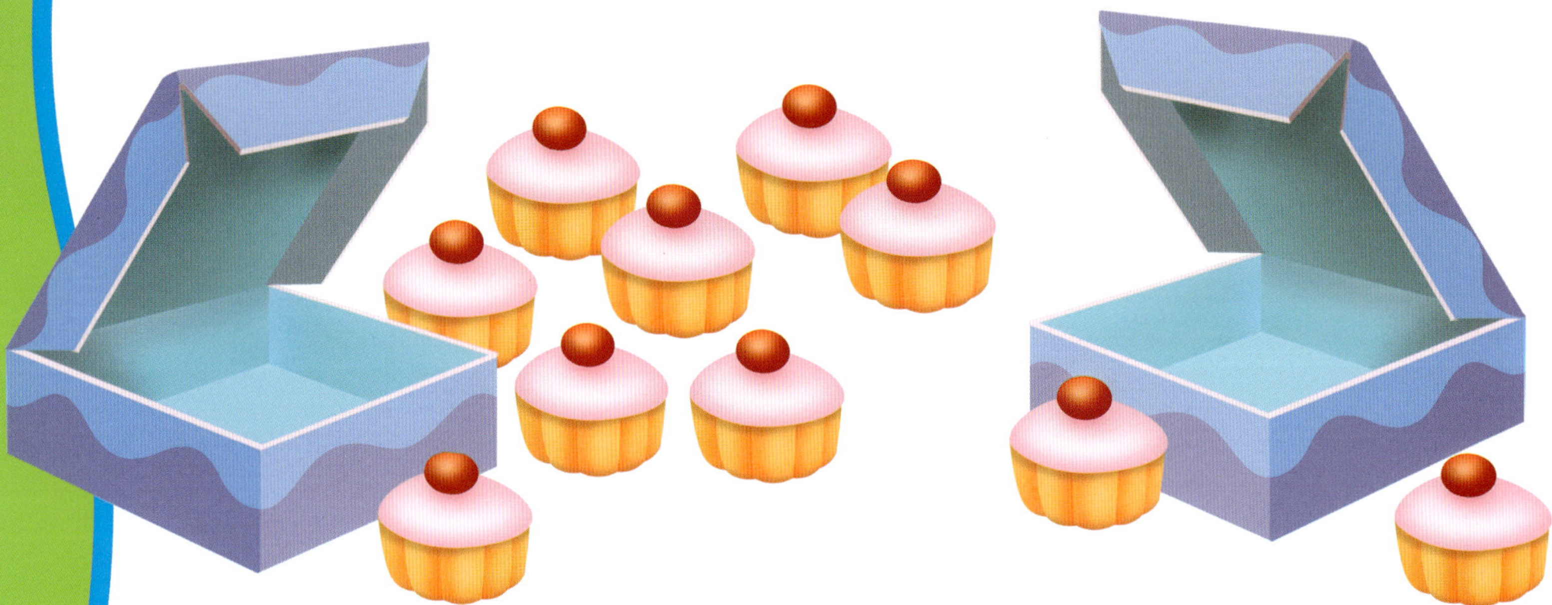

Ahora, divide los pasteles entre las dos cajas. ¿Cuántos habrá en cada una?

¡El gran desafío!

¿Puedes escribir tú solo la tabla de multiplicar del 2? Hazlo y, después, escribe las correspondientes divisiones. Compara ambas listas. ¿Qué observas?

$1 \times 2 = 2$

$2 \times 2 = 4$

$3 \times 2 = 6$

$2 \div 2 = 1$

$4 \div 2 = 2$

$6 \div 2 = 3$

Aeropuerto 10

Este juego requiere dos jugadores. Necesitaréis fichas de dos colores. Por turnos, elegid un número de la pista de aterrizaje y divididlo entre 10. Tachad el resultado que aparece en una de las cajas de los camiones.
¡Gana quien consiga tachar más cajas!

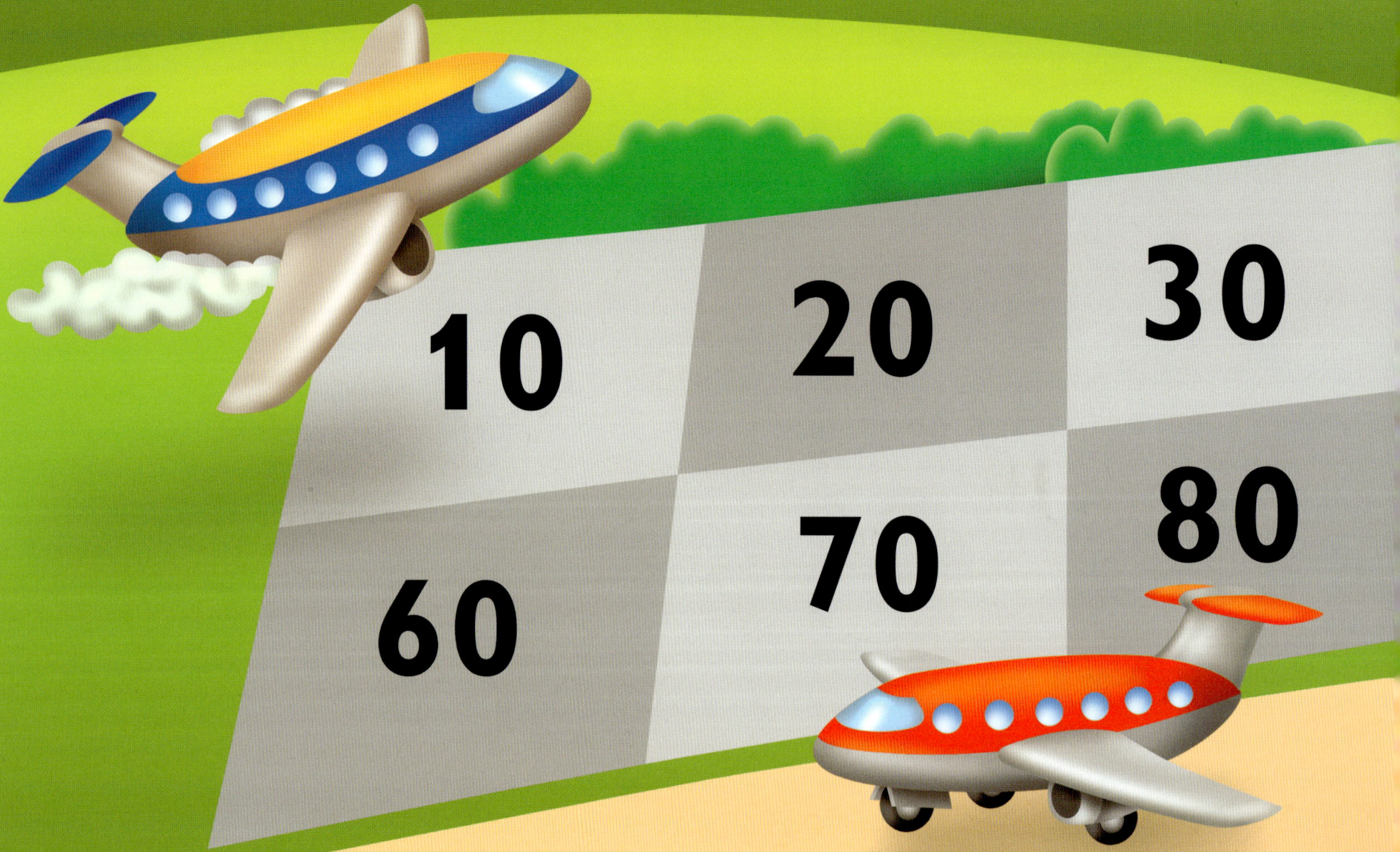

Como a estas alturas sabes multiplicar por 10, dividir entre 10 te resultará muy sencillo. ¡Recuerda!

5 × 10 = 50 y 50 ÷ 10 = 5

¡El gran desafío!

Escribe, por orden, varias operaciones para dividir entre 10. Cuando hayas acabado, pásale la lista a tu amigo para que escriba las correspondientes multiplicaciones.

Maratón de divisiones

Fíjate en las camisetas de estos ositos y resuelve las divisiones que hay en ellas. ¿Qué botella de agua les corresponde dependiendo del resultado?

Escribe **P** al lado de las botellas que tengan un número par e **I** al lado de aquéllas con un número impar.

¡El gran desafío!

Algunas cifras pueden dividirse entre más de un número. Por ejemplo, 6 puede dividirse entre 2 y 3. Divide los números 12, 24 y 36 entre 3 y 4. ¿Cuál crees que es el siguiente número divisible entre 3 y 4?

¡Aquí sobra alguien!

Fíjate en el dibujo de los conejos e intenta repartirlos metiendo el mismo número en cada conejera. ¿Cuántos conejos quedan fuera? Cuando dividimos, no siempre es posible repartir con exactitud.

Repite la operación con el resto de los animales y rodea a los que quedan fuera en cada grupo.

¡El gran desafío!

Divide 30 entre 2, 3, 4, 5 y 10.
¿Qué divisiones son exactas?
¿Cuáles no?

Cuarto y mitad

Marta y Juan se van a repartir a partes iguales la fruta que ha comprado su madre. ¡Ayúdalos!

¿Cómo harías para repartir toda la fruta entre cuatro personas? Escríbelo.

¡El gran desafío!

Fíjate en el ejemplo de abajo. Necesitas una hoja de papel cuadriculado y una pintura azul. Dibuja un rectángulo y colorea la mitad de los cuadrados. ¡Prueba a hacer diferentes formas

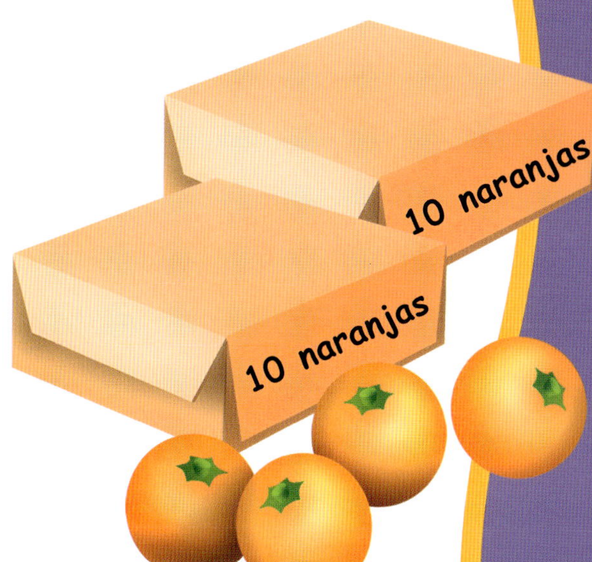

Dobles y cuartos

Calcula el doble de los números que aparecen en los globos y busca al elefante que tiene el resultado correcto.

Algunos de los números que muestran los elefantes pueden dividirse entre 4. ¿Cuáles?

¡El gran desafío!

¿Cuáles de los números que hay en la pizarra pueden dividirse entre cuatro? Escribe cinco números más.

¡Cuántos dedos hay!

En la clase de mates, todos los niños han contado los dedos de sus manos y han sumado un total de 90. ¿Cuántos niños había? La clase del al lado ha hecho lo mismo con los dedos de los pies, y el total ha sido 100. ¿Cuantos niños había en esta otra clase?

¿Cómo has calculado las respuestas?

¡El gran desafío!

¿Cuántos niños hay en tu clase? Entonces, ¿cuántos dedos de la mano tenéis en total? ¿Y de los pies? Ahora calcula: ¿cuántos dedos teneis entre todos?

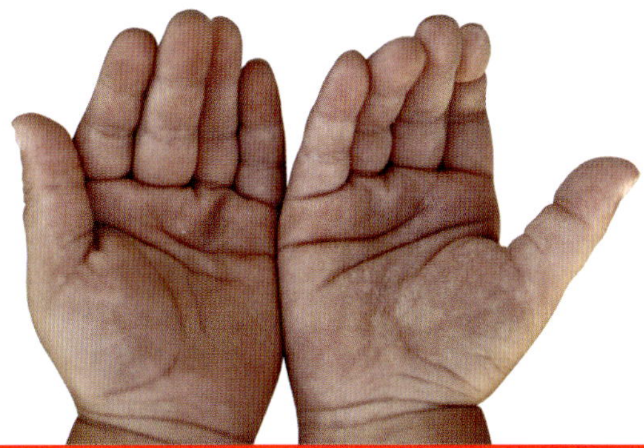

Consejos para padres y profesores

A continuación ofrecemos algunos consejos y explicaciones relacionados con las distintas actividades que aparecen en el libro. Esperamos que les sirvan de ayuda.

Pares e impares, páginas 120–121

Cuenta de 2 en 2 de 0 a 30, y recuérdale que todos ésos son números pares. Vuélvelo a hacer, pero esta vez empieza a contar desde 1 y explícale que éstos son los impares. Para comprobar que los distingue, di números al azar y que responda si son pares o impares.

Investiga los números, páginas 122–123

Si sabe contar con destreza, al realizar esta actividad se dará cuenta de que hay ciertos números que se repiten cuando contamos de 2 en 2 y de 4 en 4; por ejemplo, 4, 8 y 12. Observará también que los números que se repiten al contar de 2 en 2 y de 5 en 5 son múltiplos de 10. De igual modo, al contar de 2 en 2 y de 3 en 3 hay múltiplos de 6.

¡Hagamos colmenas!, páginas 124–125

Cada panal esconde una multiplicación. Las multiplicaciones pueden leerse de dos formas: 3 × 4 y 4 × 3, y el resultado es el mismo. Para practicar, pídele que dibuje un rectángulo de cuatro cuadros de largo y dos de ancho, y que escriba las multiplicaciones correspondientes.

¡Duplica!, páginas 126–127

Si duda a la hora de calcular el doble de un número, puede resultarle fácil utilizar fichas de colores y hacer dos grupos iguales. Después, que sume los dos grupos y observe cómo se forman los duplicados.

Multiplica por 2 y por 10, páginas 128–129

Es muy importante que memorice las tablas del 2 y del 10. Si observas que duda, prueba a contar de 2 en 2 o de 10 en 10 llevando la cuenta con los dedos de cuántas veces sumas cada número. Por ejemplo, para 4 × 2, sumarás 2 cuatro veces (2, 4, 6 y 8); por eso, 4 × 2 = 8.

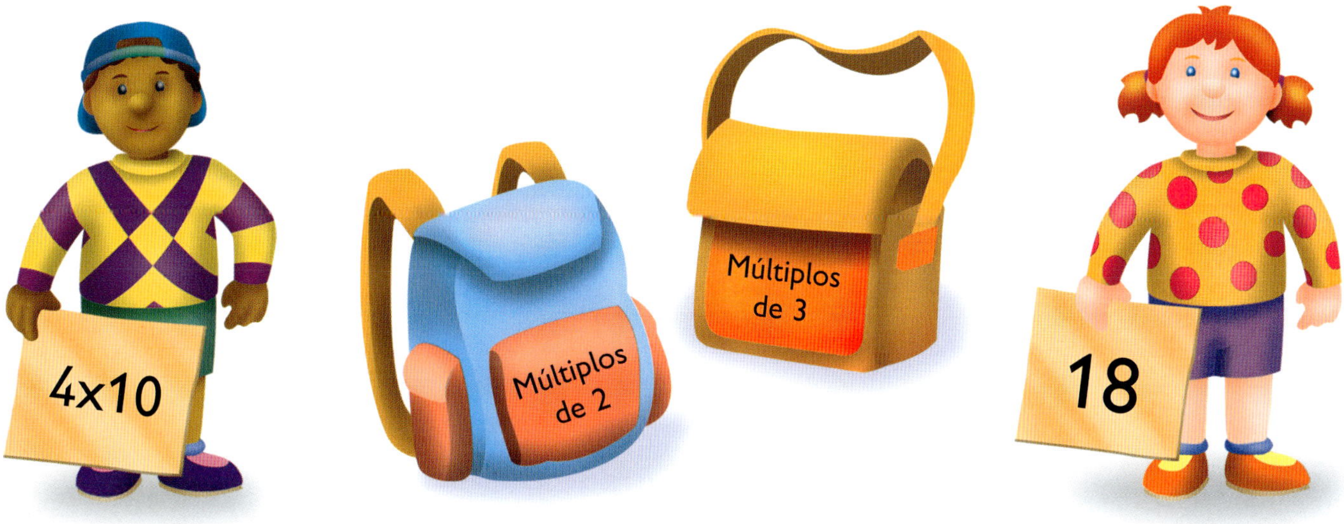

Multiplica por 5, páginas 130–131

El niño no debe contar los animales de 1 en 1, sino en grupos, de 5 en 5. Si duda, ayúdale y cuenta con él.

Más dobles, páginas 132–133

Si duda al calcular los dobles, contad de 5 en 5 desde 0 hasta llegar al número deseado. Por ejemplo, para calcular el doble de 20, contamos: 5, 10, 15, 20. Es decir, hacemos cuatro sumas de 5. Al contar: 25, 30, 35, 40, hacemos otras cuatro sumas de 5 para llegar a 40 o, lo que es lo mismo, duplicamos 20.

¡Qué lío de múltiplos!, páginas 134–135

Si necesitas ayuda para realizar esta actividad, recurre a contar de 2 en 2, de 3 en 3, etc. Observa los números que aparecen en estas páginas y pregúntale de qué número es múltiplo. Para comprobarlo, haz que cuente de 2 en 2, de 3 en 3, etc. El número que no encaja es el 7 porque es un número primo. Otros números, como el 16 y el 32 (múltiplos de 2 y de 4) o el 6 (múltiplo de 2 y de 3) podrían ir en cualquiera de las mochilas.

¡A montar ruedas!, páginas 136–137

Lo más sencillo es que cuente por separado las ruedas de coche y las de bicicleta. Para calcular el número de coches puede hacer grupos de 4 ruedas y llevar la cuenta con los dedos. Para calcular el de bicicletas hará lo mismo, pero con grupos de dos ruedas.

¡Coloca las flores!, páginas 138–139

Si muestra dificultad a la hora de realizar esta actividad, dale un puñado de fichas y que imagine que cada ficha es una flor. Haz que las divida en partes iguales colocándolas encima de los jarrones.

¡Es hora de comer!, páginas 140–141

Para que le resulte más sencillo, puede decir, mientras reparte: «Uno para ti, otro para mí», y así hasta acabe de repartir todo. Haz que ponga en práctica los conocimientos ya aprendidos; por ejemplo, si sabe que $3 \times 2 = 6$, deberá saber que $6 \div 3 = 2$.

Divide entre dos, páginas 142–143

Repasad juntos en voz alta la tabla de multiplicar del 2 y la de dividir entre 2. Si se muestra inseguro, puede usar las fichas de colores para ayudarse.

Aeropuerto 10, páginas 144–145

Si muestra dificultades para dividir entre 10, invítale a hacer grupos con objetos.

Maratón de divisiones, páginas 146–147

No existen pistas visuales para ayudar con la división. Si lo encuentra difícil, puede hacer fichas de colores y hacer grupos. Otra opción es dibujar una línea de números. Por ejemplo, para dividir 12 entre 3, nos situamos en el 12 y damos saltos hacia atrás contando de 3 en 3. Después, pregunta: «¿Cuántos saltos hemos dado?». La respuesta es 4, por eso, 12 ÷ 3 = 4.

¡Aquí sobra alguien!, páginas 148–149

Si le resulta difícil, puede utilizar fichas de colores. Otra opción es utilizar una línea de números y contar hacia atrás. Dividir 7 entre 2 es tan fácil como contar hacia atrás de 2 en 2 desde el 7. De esta forma, el niño se dará cuenta de que esta división tiene un resto de 1.

Cuarto y mitad, páginas 150–151

Sin duda, puede coger varias fichas y repartirlas en dos grupos pares con igual número de fichas. Es decir, poner la mitad de las fichas a un lado y la otra mitad, al otro. Una vez que haya comprendido esto, trabajad con cantidades que puedan ser divididas entre 4. Pídele que cuente la mitad y, después, la mitad de la mitad. Aprovecha para explicarle qué son los cuartos.

Dobles y cuartos, páginas 152–153

Una vez que maneje la tabla de multiplicar del 2, debería ser capaz de calcular mitades rápidamente. Algunos de estos números son múltiplos de 10. Usa una línea de números y localiza el 0 y el número múltiplo de 10. Pidele que señale el punto medio. Puedes explicarle que si un múltiplo de 10 es impar, la mitad tendrá un 5 en las unidades, y si es par, un 0. Por ejemplo, la mitad de 90 es 45 y la mitad de 60 es 30.

¡Cuántos dedos hay!, páginas 154–155

Esta actividad consiste en dividir entre 10 para calcular el número de niños que hay en total. Si no supiese bien cómo hacerlo, pídele que primero lo haga solo con vosotros dos.

Objetivos de este libro

Est elibro enfoca las matemáticas como un conjunto de ideas y procesos mentales que no sólo llevan al niño a utilizar cantidades, sino a deducir, hacerse preguntas, establecer modelos e identificar relaciones y estructuras.

El objetivo principal es que el niño adquiera soltura manejando los números: será capaz de descomponer números, comprender y utilizar el sistema decimal, operar o realizar cálculos mentalmente en diferentes contextos y con fluidez.

Este libro contiene magníficas ilustraciones, alegres y llenas de color, diseñadas con el fin de atraer el interés de los más pequeños. Es muy probable que el niño necesite que alguien lea las instrucciones; en este caso, aprovechad para leer juntos el libro.

Los conocimentos que se transmiten en este libro incluyen los números naturales, las operaciones, las estrategias de cálculo y el sistema monetario.

El niño comenzará practicando los números comprendidos entre 1 y 30 y, después, avanzará hasta 100. Aprenderá a contar por sí solo o usando fichas para ayudarse.

Después empezará a realizar sumas y restas con números del 1 al 10; por ejemplo: 3 + 6 y 9 − 1; así, pondrá en marcha conocimientos ya aprendidos , como en el caso de las sumas de números múltiplos de 10: por ejemplo: 60 + 40.

Aprenderá a identificar números pares e impares y contar de 2 en 2, de 3 en 3, de 4 en 4, de 5 en 5 y de 10 en 10. Una vez que muestre soltura, deberá poner en relación todos los conocimientos aprendidos. Por ejemplo, cuando sepa manejar la tabla de multiplicar del 2, deberá usarla para dividir entre 2.

Para comprobar que el niño comprende el procedimiento utilizado en las operaciones y los ejercicios que se proponen, se le pedirá que explique dicho procedimiento. De este modo, al mismo tiempo, comprobaremos la capacidad para expresar pensamientos y usar un vocabulario matemático correcto. Si no supiese resolver un problema, escuchar las explicaciones o ver cómo lo hace otra persona le ayudará a usar las diferentes técnicas de forma más efectiva.

En esta etapa, el niño empueza a escribir operaciones numéricas utilizando los signos correspondientes (+, −, ×, ÷, =). Las actividades propuestas ayudan a incentivar su uso para que el niño se familiarice con ellos y deje de verlos como signos abstractos.

Es recomendable que, durante el desarrollo de las actividades, tome notas. Puede anotar números, ordenarlos o escribir operaciones simples que sirvan de ejemplo a las explicaciones. Con ello se intenta que sea sistemático a la hora de trabajar, de manera que no se olvide de ningún elemento necesario para encontrar la solución.

Muchas de las páginas que componen este libro son juegos que se pueden practicar de forma individual o en parejas. Si la pareja del niño fuese un adulto, ésta sería una buena ocasión para cometer errores deliberados y comprobar que el niño está en condiciones de descubrir fallos y corregir.

Aprender matemáticas ha de ser una experiencia positiva. Por eso, este libro es una buena oportunidad para disfrutar juntos de los juegos matemáticos, las actividades y los desafíos que en él se proponen.